Abenteuer Raumstation

Katie Daynes
Gestaltung von Zoe Wray

Illustrationen von Christyan Fox und Alex Pang

Fachberatung: Stuart Atkinson

Lesedidaktische Beratung: Alison Kelly
Roehampton University of Surrey

Inhalt

Erde und Weltraum

Die Erde ist ein großer, runder Planet. So sieht sie aus, wenn man sie vom Weltraum aus betrachtet.

Astronauten fahren in den Weltraum, um dort zu arbeiten.

Das Wort Astronaut bedeutet »Sternenfahrer«.

Die Weltraumschule

Wer Astronaut werden will, lernt in der Weltraumschule alles über das Leben im All.

Zum Beispiel über die Anziehungskraft der Erde!

Sie zieht alles auf den Boden.

Im Weltraum gibt es diese Kraft fast nicht. Deshalb schwebt alles.

Daran müssen sich die Astronauten erst gewöhnen.

In der Weltraumschule lernen die Astronauten zu arbeiten, während sie im Wasser schweben. Das ist fast so wie im Weltraum.

Sie probieren die Notausgänge aus.

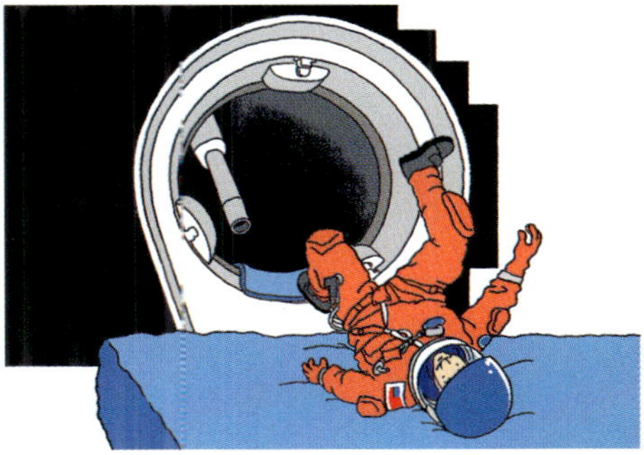

Dann landen sie auf einer weichen Matte.

Vor dem Abflug

Astronauten fliegen mit einem Raumschiff in den Weltraum.

Das Raumschiff sieht aus wie ein Flugzeug mit einem riesigen Tank und zwei Raketen.

Astronauten ziehen spezielle Anzüge an.

Im Aufzug geht's nach oben . . .

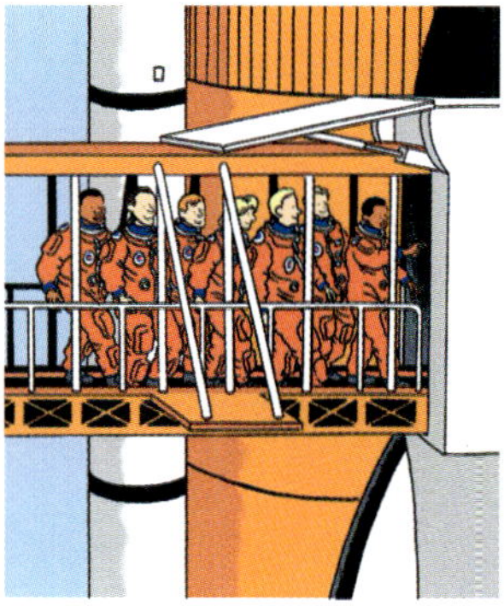

. . . und über die Brücke ins Raumschiff.

In Liegeposition warten die Astronauten vorne im Raumschiff auf den Start.

Los geht's!

Die Triebwerke verbrennen Treibstoff. Dann zünden die beiden Raketen und das Raumschiff saust in den Weltraum.

3... 2... 1...
Los geht's!

Niemand darf in der Nähe der Startrampe stehen.
Es ist viel zu gefährlich!

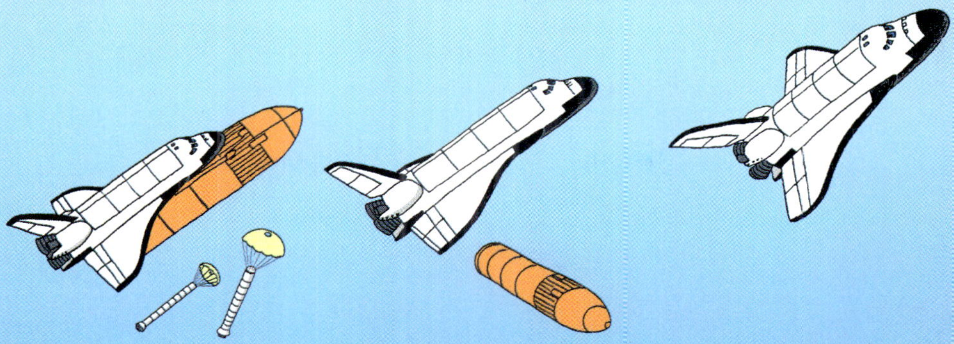

Nach zwei Minuten fallen die Raketen ins Meer.

Nach acht Minuten fällt der Tank ab.

Nun schwebt das Raumschiff im All.

Damit es innen nicht zu heiß wird, öffnen sich hinten am Raumschiff zwei Klappen.

Die Erdumlaufbahn

Das Raumschiff umkreist die Erde auf einer Erdumlaufbahn.

In nur 90 Minuten
kann es die Erde
einmal umrunden.

Im Mittelteil des Raumschiffs,
der Ladebucht, werden große
Gegenstände transportiert.

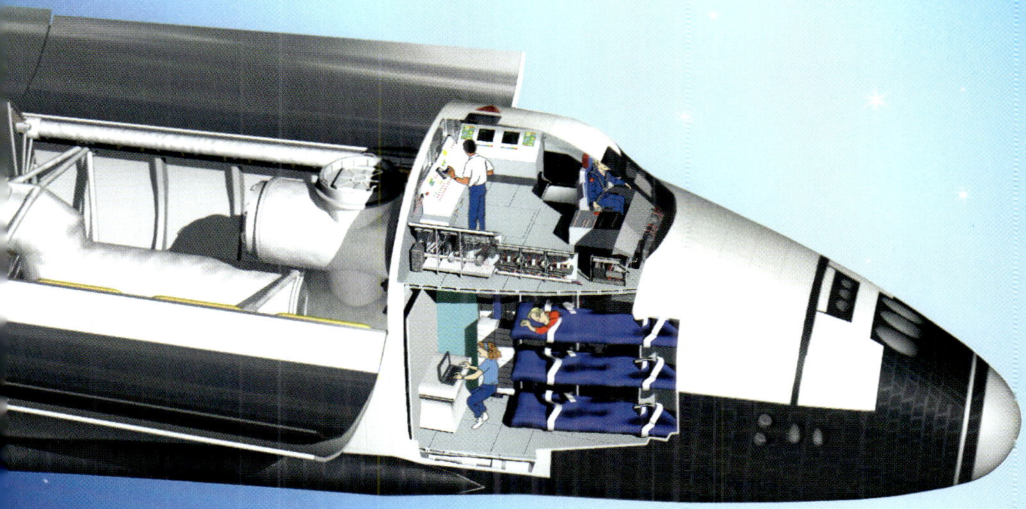

Die Astronauten arbeiten,
essen und schlafen vorne
im Raumschiff.

Im Weltraum

Einige Astronauten bleiben sehr lange im Weltraum. Sie leben in einem schwebenden Haus, der Raumstation.

Sie bauen eine neue große Raumstation. So wird sie aussehen, wenn sie fertig ist.

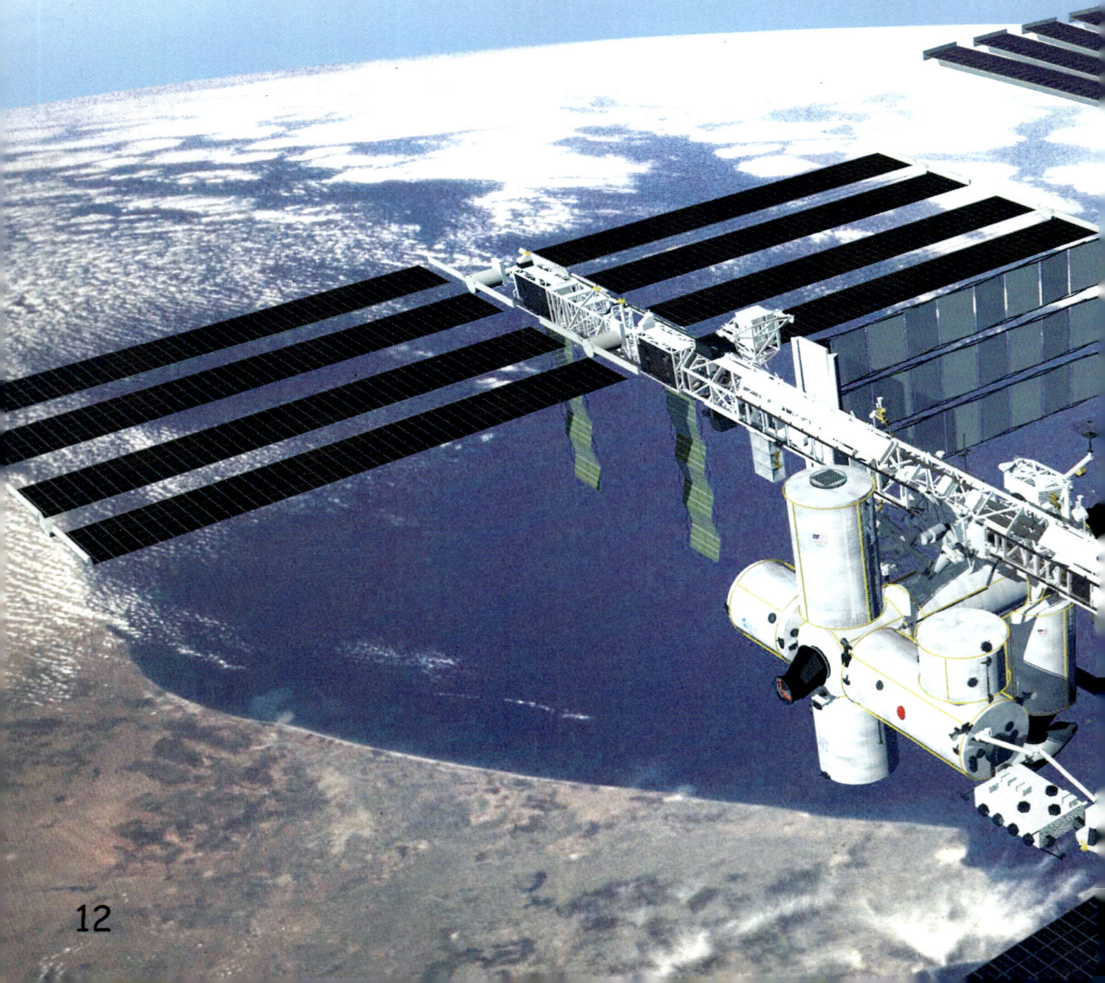

Das Raum-
schiff fliegt . . .

. . . an die
Raumstation
heran.

Hier dockt es
an die Station
an.

Die fertige
Raumstation wird
größer als zwei
Fußballfelder
sein!

Die Raumstation

Das Raumschiff transportiert die Teile für die neue Station in den Weltraum.

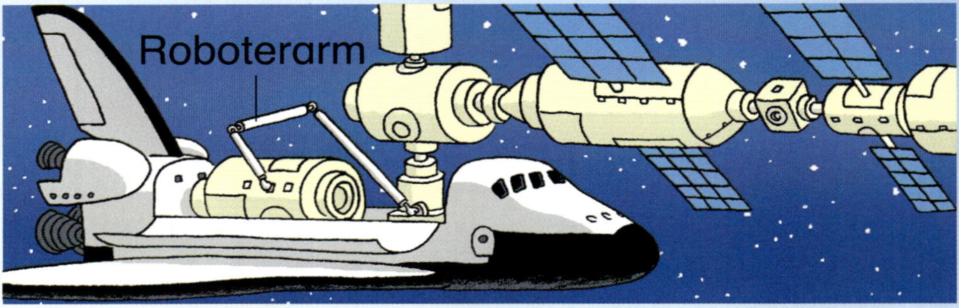

Der Roboterarm im Schiff hebt ein großes Bauelement aus der Ladebucht.

Dann montiert er das neue Bauteil an die Raumstation.

Manche Bauteile sind so groß wie ein Bus!

Die Astronauten leben in einem solchen Wohnelement.

Sie tragen ganz normale Kleidung.

Essen und trinken

Klar, dass die Astronauten auch im Weltraum essen und trinken müssen!

Ihr Essen sah zuerst gar nicht lecker aus . . .

Rindfleisch mit Gemüse

Das Essen wurde getrocknet . . .

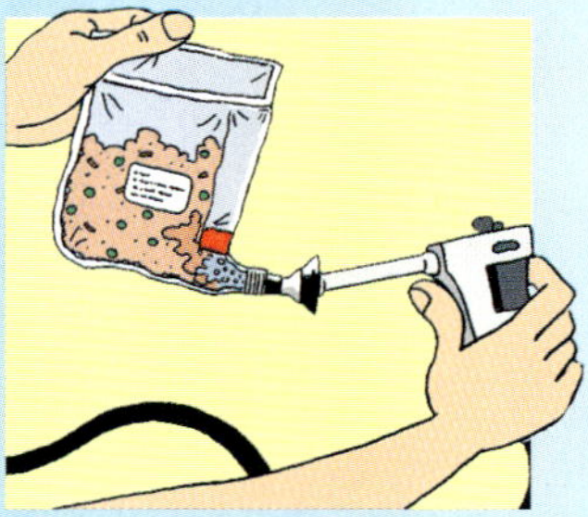

. . . und eingepackt. Mit Wasser . . .

. . . wurde es wieder aufgeweicht.

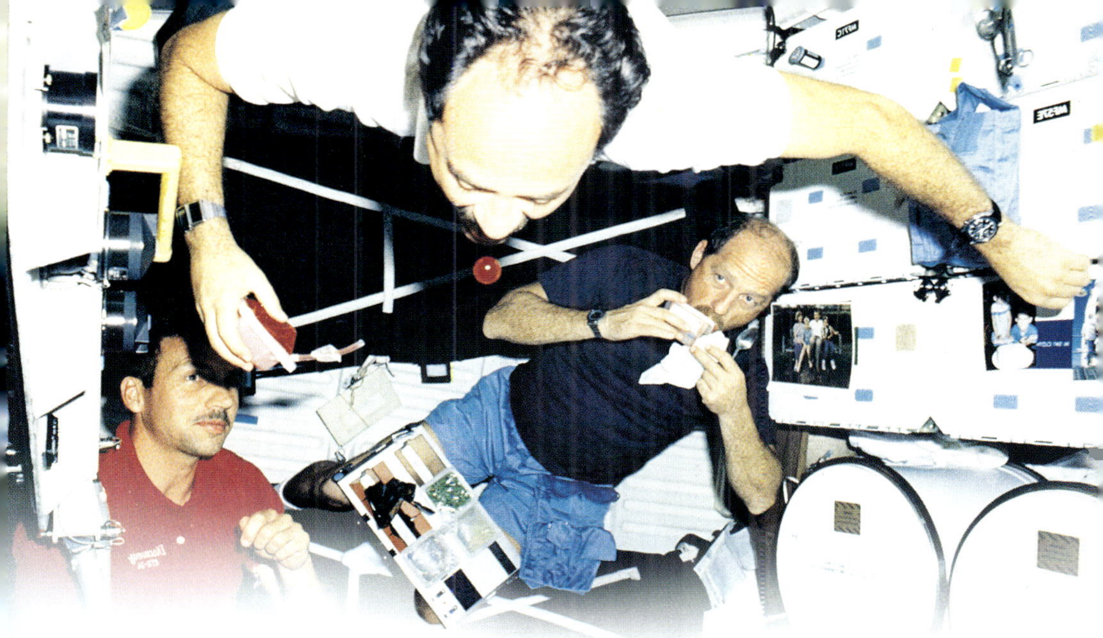

Kannst du den roten Safttropfen sehen, der zum Mund des Astronauten schwebt?

Heute sind die meisten Weltraum-Gerichte fertig in Tabletts abgepackt. Sie müssen nur noch erhitzt werden.

Getrocknete Erdbeeren

Astronauten essen getrocknete Eiscreme im Weltraum.

Im Badezimmer

Es ist schwierig, in einer Raumstation zu leben. Sie ist eng und alles schwebt.

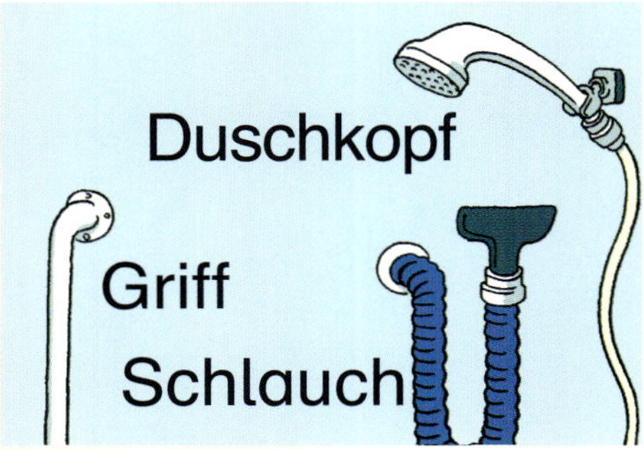

In der Dusche schwebt das Wasser in riesigen Tropfen aus dem Duschkopf.

Der Astronaut hält sich am Griff fest, während er sich wäscht.

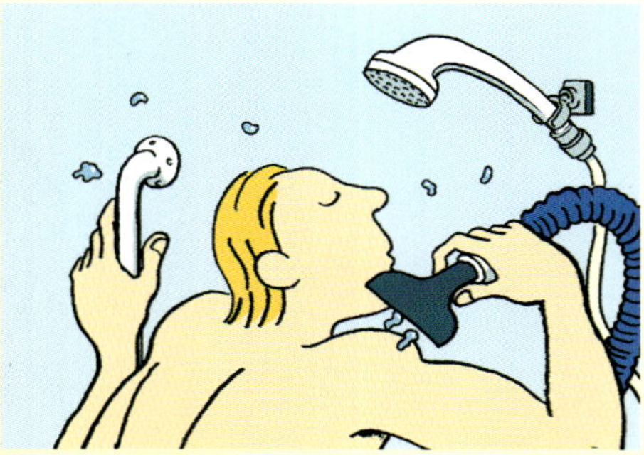

Danach saugt er das Wasser mit dem Schlauch ab.

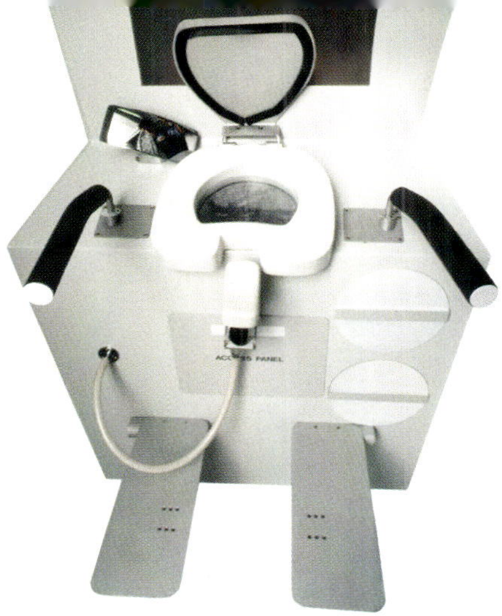

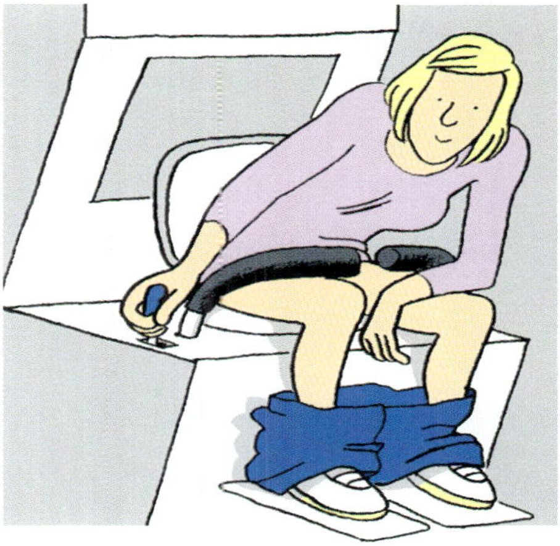

Eine Weltraumtoilette hat Stangen zum Festhalten.

So sitzt man sicher. Ein Luftsauger saugt alles weg.

In diesen Tanks wird Wasser transportiert.

Ein Tag im Weltraum

Astronauten arbeiten in der Raumstation, zum Beispiel im Labor. In diesem Labor führen sie Versuche durch.

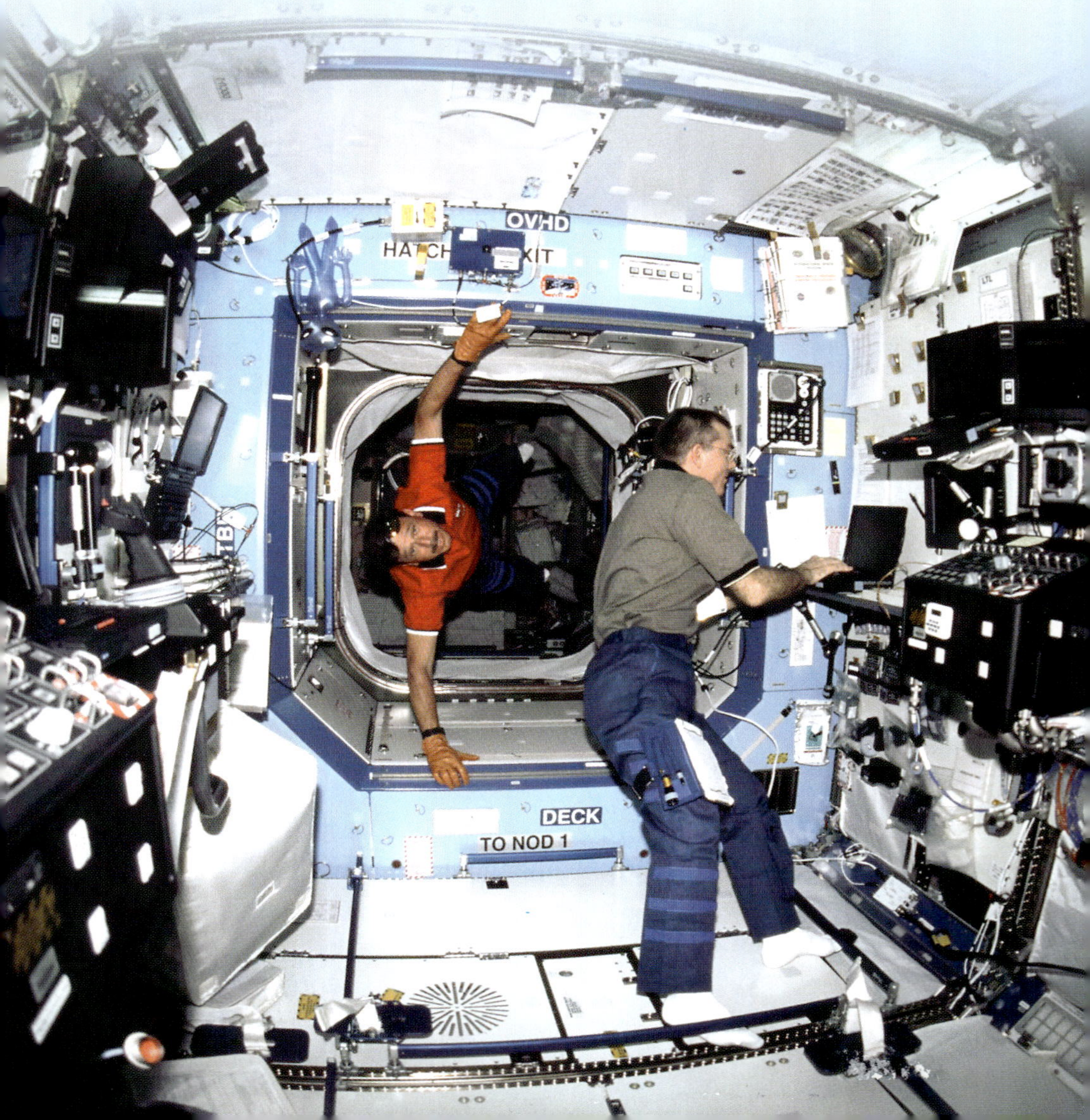

Sie bauen neue Geräte ein . . .

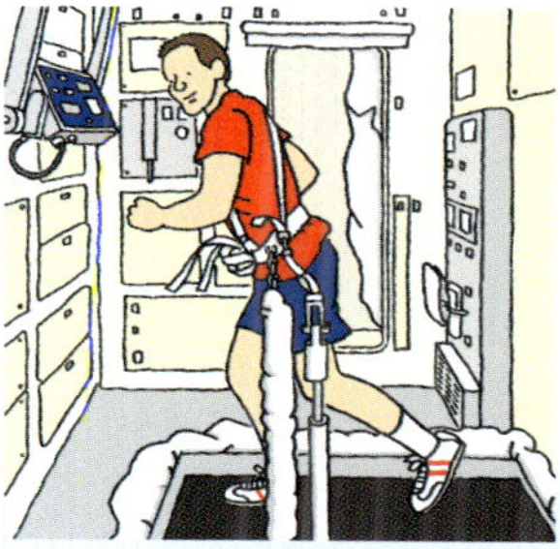

. . . machen Sport oder schlafen. . .

. . . in Schlafsäcken, die an der Wand befestigt sind.

Wenn Astronauten nicht arbeiten, lesen sie oder schauen aus dem Fenster. Wie schön die Erde aussieht!

Astronauten können sich mit den Menschen auf der Erde unterhalten und Nachrichten per Computer verschicken.

Der Raumanzug

Außerhalb der Raumstation tragen Astronauten Raumanzüge.

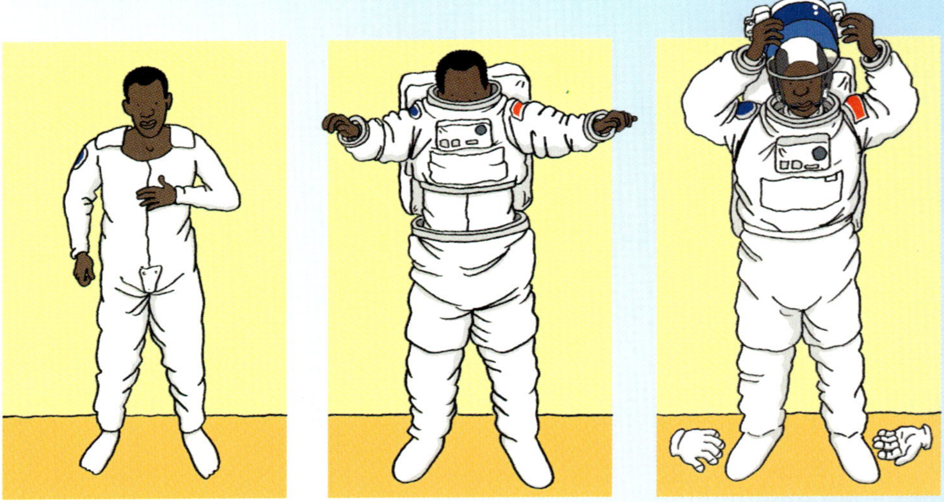

Die unterste Schicht hält sie kühl oder warm.

Zum Schutz legen sie einen Anzug an. Dann . . .

. . . kommen Helm und Handschuhe.

Durch den Helm können die Astronauten mit einem Strohhalm trinken.

Im Rucksack
ist Luft zum
Atmen und
Wasser.
Es wärmt oder
kühlt den
Astronauten.

Im Weltraum kann man nicht gehen.
Die Astronauten hangeln sich mit
den Händen von Ort zu Ort.

Die Luftschleuse

Astronauten gelangen durch eine Schleuse in den Weltraum. So kann keine Luft aus der Raumstation entweichen.

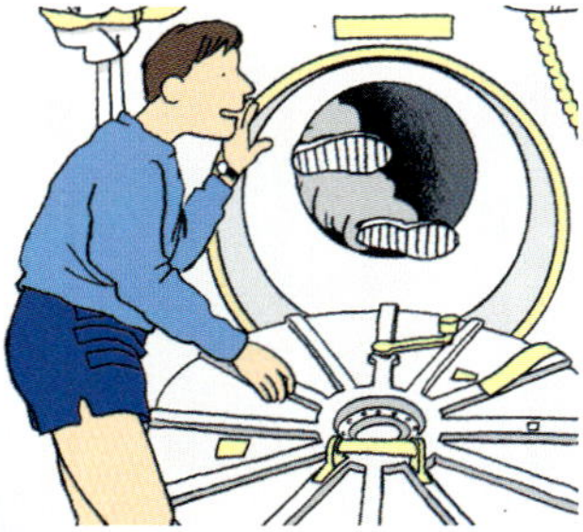

Ein Astronaut steigt durch die erste Tür.

In der Schleuse zieht er den Anzug an.

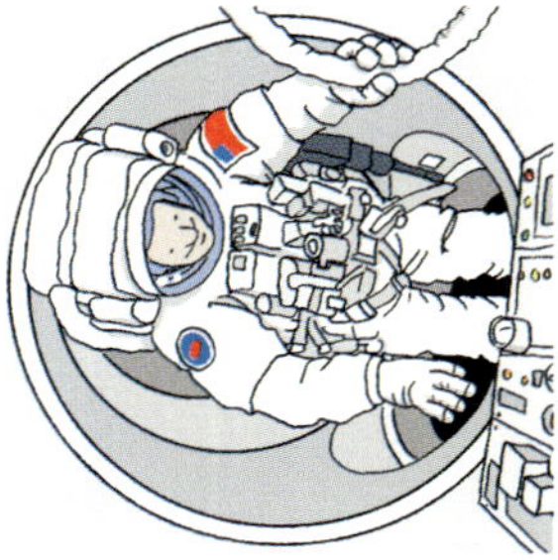

Er verlässt die Schleuse durch die zweite Tür.

Manchmal tragen Astronauten einen Düsen-Rucksack auf dem Rücken, damit sie sich außerhalb der Station im Weltraum bewegen können.

Wenn Astronauten außerhalb arbeiten, nennt man das »Weltraum-Spaziergang«. Dieser Astronaut »spaziert« gerade.

Ein Astronaut hat seinen Handschuh im Weltraum verloren. Er schwebt noch immer irgendwo umher.

Zurück zur Erde!

Nach 90 Tagen in der Raumstation geht es zurück zur Erde.

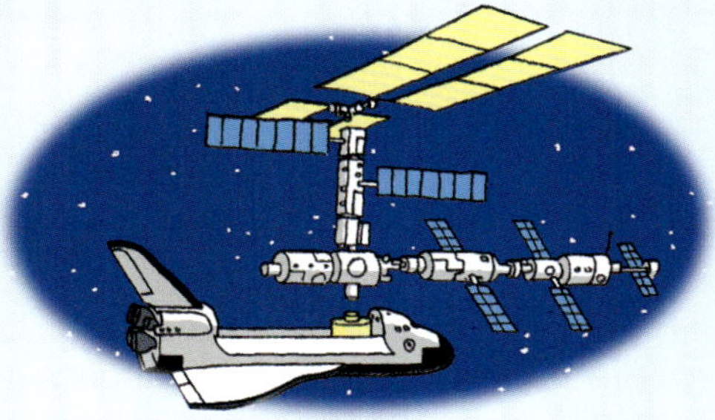

Das Raumschiff verlässt die Station.

Es erhitzt sich beim Durchschlagen der Lufthülle der Erde.

Das Raumschiff landet wie ein Flugzeug auf einer Rollbahn.

Ein Fallschirm hilft
beim Bremsen.

Ein Astronaut verbrachte ein Jahr
und 72 Tage im Weltraum.
Das ist Rekord!

Weltraumausflüge

Die erste Fahrt in den Weltraum war 1957.

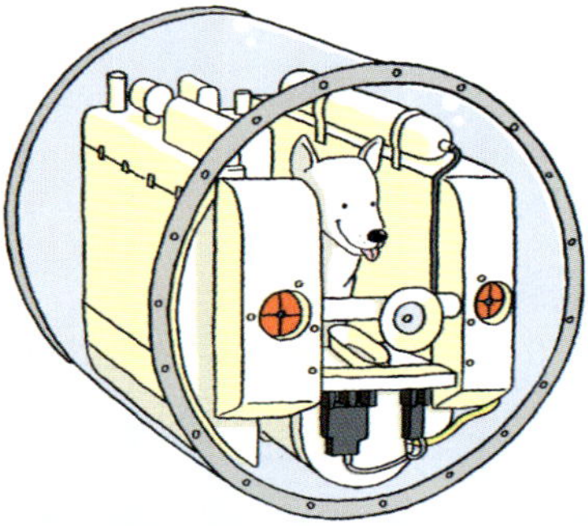

Das erste Lebewesen, das in den Weltraum reiste, war ein Hund namens Laika.

1969 betrat der Mensch zum ersten Mal den Mond. Dort gibt es weder Wind noch Regen.

Deshalb werden diese Fußabdrücke noch viele hundert Jahre zu sehen sein.

In der Zukunft kannst du vielleicht einmal selbst mit solch einer Raumfähre in den Weltraum reisen.

Möglicherweise leben Menschen eines Tages in solchen Weltraum-Wohnungen.

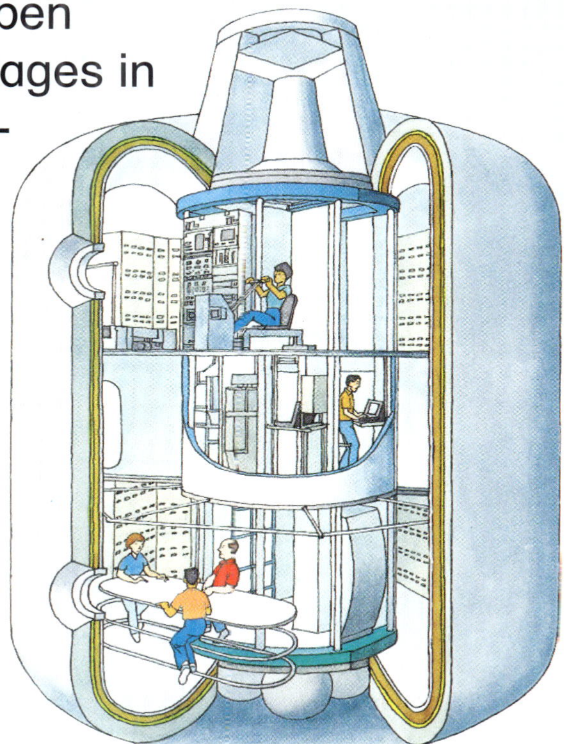

Sportbereich

Schlafzimmer

Essbereich

Wichtige Begriffe

Einige Wörter in diesem Buch sind bestimmt neu für dich. Hier erfährst du, was sie bedeuten.

Der Planet – ein riesiges, rundes Objekt im Weltraum.

Die Erdanziehungskraft – eine Kraft, die die Dinge zur Erde zieht.

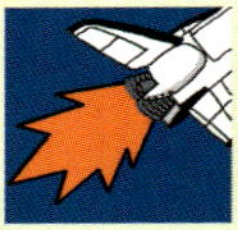

Der Treibstoff – Er sorgt dafür, dass das Raumschiff schnell fliegen kann.

Die Erdumlaufbahn – Sie führt im Kreis um die Erde herum.

Die Ladebucht – Mittelteil des Raumschiffs zum Transport großer Gegenstände.

Das Labor – ein Ort, an dem Versuche durchgeführt werden.

Die Luftschleuse – mehrere Türen, durch die man das Raumschiff verlässt.

Das Internet

Im Internet kannst du noch mehr über das Leben im Weltraum herausfinden. Bevor du ins Internet gehst, lies die Seite 33 über »Sicherheit im Internet« am besten zusammen mit einem Erwachsenen.

Suchwörter

In neuer Rechtschreibung

ISBN 3-401-08453-4
1. Auflage 2003

Übersetzung: Harriet Grunewald

Die Originalausgabe erschien 2002 bei Usborne Publishing Ltd., Usborne House, 83-85 Saffron Hill London ECIN 8RT, England. www.usborne.com

Redaktionsleitung: Katie Daynes
Layout: Zoe Wray

Sicherheit im Internet

- Frag einen Erwachsenen um Erlaubnis, bevor du ins Internet gehst.
- Gib im Internet nie deinen vollen Namen, deine Adresse oder Telefonnummer an. Frag einen Erwachsenen, ob du deine E-Mail-Adresse angeben darfst.
- Wenn du dich auf einer Internetseite anmelden willst, bitte erst einen Erwachsenen um Erlaubnis.
- Wenn du eine E-Mail von einer unbekannten Person erhältst, öffne sie nicht und beantworte sie nicht. Sag einem Erwachsenen Bescheid!

Hinweis für Eltern und Erziehungsberechtigte

Der Verlag haftet nicht für den Inhalt oder die Verfügbarkeit fremder Webseiten. Insbesondere distanzieren wir uns von schädlichen, anstößigen oder fragwürdigen Inhalten, die im Internet erscheinen können. Wir empfehlen, dass Kinder nur unter Aufsicht im Internet surfen, dass sie keine „Chat Rooms" besuchen und dass Sie Programme nutzen, die gefährliche Webseiten blockieren. Bitte stellen Sie sicher, dass Ihr Kind die oben stehenden Sicherheits-Richtlinien befolgt.